MÉTHODE
MARTIN ET LEMOINE
avec la collaboration
de
MM BAUDRILLARD et FENARD
Inspecteurs de l'Enseignement
primaire

Premier Livret de Lecture

Firmin Bouisset

PARIS
LIBRAIRIE D'ÉDUCATION NATIONALE
11, Rue Soufflot, 11

MÉTHODE MARTIN et LEMOINE

AVEC LA COLLABORATION

de MM. BAUDRILLARD et FENARD

INSPECTEURS DE L'ENSEIGNEMENT PRIMAIRE A PARIS

PREMIER LIVRET DE LECTURE

PRONONCIATION. — ARTICULATION. — ÉCRITURE

Histoires sans paroles. — Conversations sur Images
Petites lectures courantes illustrées.

SOIXANTE-SIX GRAVURES

PARIS
Librairie d'Éducation nationale
ALCIDE PICARD ET KAAN, ÉDITEURS
11, RUE SOUFFLOT, 11

OBJET DE LA MÉTHODE

1° Pour apprendre à lire, il faut auparavant apprendre à bien prononcer. — Le plus sûr moyen d'apprendre à lire, c'est-à-dire à distinguer et à connaître les éléments écrits, c'est d'apprendre tout d'abord à les *bien prononcer*.

2° Que faut-il faire pour bien prononcer? — Pour bien prononcer un son, il faut : 1° le bien *entendre* : 2° *saisir et produire le jeu* de la bouche nécessaire à son articulation.

3° Application de la loi des contrastes : *a*) SONS CONTRASTÉS. — On entend mieux un son, lorsqu'il est *en opposition* avec un autre son différent de prononciation, que lorsqu'il est énoncé isolément. Le son *o*, accompagné du son *a*, par exemple : *o-a*, *o-a* (2e leçon), sonne plus distinctement que le son unique, *o, o*...

b) MIMIQUES DISSEMBLABLES. — L'œil, d'autre part, saisit plus nettement, sur la bouche du maître, les *mimiques dissemblables* de deux prononciations contrastées *l-b*, *ou-in*, que la mimique d'une seule articulation, *l*... *ou*... C'est la loi des *contrastes*.

4° Originalité de la méthode. — Ces remarques, déjà faites par nombre d'instituteurs, ont inspiré la *présente méthode*; elles contribuent à lui donner son *caractère original*.

C'est l'enseignement de la lecture par la *prononciation*; c'est l'étude des éléments par les *contrastes vocaux*.

5° Éléments accouplés. — Les éléments de lecture sont présentés *groupés deux par deux*, rarement par *trois*, avec le maximum possible d'opposition par la prononciation : *i-u-t* (1re leçon) ; *n-m* (4e leçon) ; *ch-ph* (17e leçon).

6° Part du maître. — Le maître prononce en accentuant avec toute la correction et la netteté dont il est capable.

7° Part de l'élève. — L'élève *écoute*, les yeux fixés sur la bouche du maître; il saisit le *jeu des lèvres nécessaire* à la prononciation, puis il *imite* de son mieux.

La *différence* entre les éléments énoncés se fait d'autant plus sûrement que la *prononciation* est plus *distincte*, plus *parfaite*.

8° Avantages de la méthode. — On voit, sans qu'il soit besoin d'insister, combien cette méthode est précieuse pour conduire à *une bonne articulation* et corriger les *fautes de prononciation*.

9° Enseignement vivant. — L'enseignement de la lecture, ainsi compris, est réellement *vivant* et *intéressant*; il satisfait au besoin d'activité des enfants et stimule l'effort par des progrès sensibles et rapides.

10° Observation et élocution. — Chaque leçon se termine par un exercice d'*observation* et d'ÉLOCUTION. Le motif est une *image* représentant une scène intéressante et instructive à la portée des enfants. C'est l'*exercice agréable* suivant le *travail*, le *délassement* après la *fatigue*. Le TEXTE tiré de ces gravures, et qui les accompagne, offre un excellent sujet de *lecture courante*. Les éléments précédemment étudiés y sont appliqués. Les *mots difficiles* à lire et à écrire y sont intentionnellement répétés, et leur *physionomie* ainsi que celle des éléments qui les composent se fixent plus fortement dans les yeux et dans la mémoire des enfants.

Nous donnons au-dessous de chaque image un exemple de *conversation* s'y rapportant. La place nous a obligés d'en limiter l'étendue. Le Maître saura compléter cet utile exercice. On ne quittera pas l'image sans que les élèves ne l'aient très bien observée et n'en aient distingué et désigné toutes les parties intéressantes.

11° Notes opportunes. — Chemin faisant, et à propos de chaque difficulté nouvelle, nous indiquons dans des *notes précises* au bas des pages, les procédés, à notre avis, les plus capables de les résoudre.

Il nous a paru plus sage de donner un à un, et au moment opportun, les *conseils utiles* à l'application profitable des principes de notre méthode que de les amasser dans une longue et fastidieuse préface.

12° Écriture. — Afin d'aider à l'enseignement simultané de la lecture et de l'écriture, nous avons mené de front l'étude de la *lettre imprimée* et celle de la *lettre écrite*; et, tout en groupant les éléments à étudier dans chaque leçon, le plus possible par *opposition de prononciation*, nous avons essayé en même temps de les associer par *analogie d'écriture*.

13° Écriture française. — Considérant la faveur dont semble jouir pour l'instant l'*écriture droite* et tenant compte d'autre part des plus nombreuses sympathies conservées à l'*écriture penchée*, nous avons cru donner satisfaction aux partisans des deux genres d'écriture, en adoptant pour notre méthode, une écriture à *pente moyenne*, la jolie et véritable *écriture française* du XVIIIe siècle, qui paraît réunir tous les avantages reconnus aux deux écritures ci-dessus.

14° Tableaux muraux et images. — Nous savons tout l'attrait des *images*, ainsi que le profit qu'un maître peut en tirer dans son enseignement; aussi offrons-nous à titre d'auxiliaires importants à notre méthode, *six tableaux muraux* illustrés d'images en couleurs, et reproduisons-nous dans les livrets, à mesure des besoins, et *un à un*, les *détails* mêmes des belles vignettes qui ornent les tableaux.

Aux *associations de sons et de formes*, créées dans l'esprit des élèves par les exercices sur les éléments groupés deux par deux, vient se joindre l'*idée des choses* dont la finale du nom rappelle également ces mêmes éléments. Ainsi l'élément z évoque l'idée du trapèze et rappelle comme son et écriture l'élément f auquel il est lié dans la méthode (9e leçon).

15° Lecture courante.— Indépendamment des petites lectures complétant chacune des leçons, de *réelles lectures courantes* sont présentées de temps en temps et dès le premier livret. Les élèves sont ainsi conduits progressivement à lire facilement les quelques sujets terminant le 2e livret, puis à lire sans peine, en sortant de la Méthode, dans le véritable *Livre de lecture courante*.

L'originalité de notre méthode, autant pour la *nouveauté des principes* **qu'elle applique que pour la** *disposition attrayante* **de nos livrets et le** *caractère artistique* **de nos tableaux muraux, nous donne l'assurance qu'elle sera bienveillamment appréciée de nos collègues et qu'ils nous feront l'honneur d'en tenter l'essai dans leurs écoles.**

ÉTAPES SUCCESSIVES D'UNE LEÇON COMPLÈTE DE LECTURE DONNÉE SELON LES PRINCIPES DE LA MÉTHODE, A L'AIDE DES TABLEAUX ET DES LIVRETS.

En résumé, voici la marche d'une leçon :

1° *Extraire de l'image* les choses dont les noms ont un son final qui fournit l'élément à étudier, *prononcer nettement et correctement* chacun de ses éléments et les faire prononcer par les élèves avec toute la netteté possible.

2° Prononcer, en les rapprochant comme s'ils composaient un mot, l'*ensemble des éléments* de la leçon en accentuant le *jeu de physionomie* nécessaire à la bonne prononciation de ses éléments ainsi groupés. Faire reproduire par les élèves et rechercher la netteté et la correction.

3° *Étudier sur le tableau*, puis sur le *livret*, en observant les conseils donnés en *notes*, les éléments de la leçon, d'abord *séparément*, puis *combinés* entre eux ou avec des éléments déjà connus.

4° Insister tout particulièrement sur la parfaite prononciation des *syllabes groupées par opposition*, rarement par rapprochement de prononciation, et énoncées comme si elles formaient un mot dont chaque syllabe doit être entendue distinctement.

5° Passer ensuite à *l'étude des mots*, sur le tableau et dans le livret, puis veiller à la bonne prononciation.

6° Achever l'étude des éléments de la leçon en obtenant la lecture d'abord *syllabée*, puis *courante*, des mots, des phrases, puis de la *petite lecture* qui termine, dans le livret et à chaque leçon, les exercices de récapitulation.

(a) **u-i-t**

(b) **u** *u* **i** *i*

(c) Charrue. (c) Nid.

1. i u u i

2. *i* *u* *u* *i*

(d) 3. i-u u-i i-u u-i

(b) **t** *t*

(c) Porte.

4. ti tu tu ti

5. *ti* *tu* *tu* *ti*

(d) 6. ti-i tu-i tu-i ti-u

7. i-ti u-ti u-ti i-tu

Conseils. — I. (a) Faire prononcer **u-i-t** en articulant chaque son et en les rapprochant le plus possible comme s'ils devaient ensemble constituer un mot. Ne cesser cet exercice que lorsque la prononciation obtenue sera nette.

(b) Etudier ensuite séparément chacun des trois éléments.

(c) Observer les images ; prononcer le nom de l'objet représenté et faire remarquer le son final du mot.

(d) Lier ensemble les prononciations des syllabes rattachées par un tiret ; faire entendre toutefois bien distinctement chaque syllabe : **i-u ; i-ti ; u-ti**.....

Lire d'abord horizontalement ; puis verticalement.

II. Montrer au tableau noir l'origine de la formation des syllabes ; écrire tout d'abord l'élément étudié **t** ; placer à droite successivement les sons connus **i**, **u** ; composer ainsi les combinaisons **ti** ; **tu** ; **ti-i** ; **tu-i** ; intercaler la lettre **t** et faire **i-ti** ; **u-ti** ; etc., etc. Cet exercice au tableau doit commencer toute leçon de lecture ; il est intéressant, vivant ; il plaît aux enfants, pique leur curiosité ; il est vraiment éducatif.

u-i-t

1. i u u i ti tu

2. *i u u i ti tu*

3. i-u u-i u-i i-u

4. i-tu u-ti u-ti i-tu

5. ti-tu tu-ti tu-ti ti-tu

6. i-u-ti u-i-tu

7. ti-u-ti tu-i-tu

8. *ti ti tû it* (*b*)

HISTOIRE SANS PAROLES

(*a*) Mêmes conseils qu'à la page précédente : Lier ensemble les prononciations des éléments ou des syllabes rattachées par un tiret ; étudier d'abord dans le sens horizontal, puis dans le sens vertical ; recourir au tableau noir.

(*b*) Faire lire le nom du chat Titi et le cri de l'oiseau **tûit** sans syllaber ; faire entendre le **t** final de **tûit**.

Conversation sur les images. — 1. Le chat s'appelle Titi : dire comment il est, où il vit ; ce qu'il mange. — 2. Les petits oiseaux vivent tranquilles nourris par leurs parents. — 3. Les voilà en danger. Titi monte à l'arbre ; le père et la mère effrayés poussent des cris : **tûit...**, **tûit.**

(a) o-a-d

o *o* **a** *a*

Sabots. Chat.

1.	o	a	o	a
2.	*o*	*a*	*o*	*a*
3.	a - o	o - a	i-o	u-a
(b) 4.	a-to	o-ta	ti-o	tu-a

d *d*

Corde.

5.	di	du	do	da
6.	*di*	*du*	*do*	*da*
7.	di - u	du - i	do - a	da - o
8.	i-du	u-di	o-da	a-do

EXERCICES DE PRONONCIATION (c)

9. **o-a-d** : da-o do-a a-do o-da

10. **d-o-a** : o-a-do a-o-da a-do-a o-da-o

do do *da da*

(a) tudier o-a-d (prononcer de) comme on a étudié i-u-t. Voir les notes de la page 2. Veiller à la qualité des sons et des articulations.

(b) Dans l'étude des éléments, l'important est d'obtenir une prononciation parfaite ; c'est le meilleur moyen d'intéresser les enfants et d'assurer les progrès.

(c) Ne quitter cet exercice de revision des éléments o-a-d que lorsque les élèves seront arrivés à le lire convenablement en liant ensemble, par la prononciation, les syllabes groupées.

(a) u-i-t o-a-d

(b) 1. ti - u ta - o du - i do - a
2. i-du a-do u-ti o-ta
3. ti-du ta-do du-ti do-ta

4. i-a - o u-a - i i-o - u
5. di-a - o tu-a - i di-o - u
6. di-a-to tu-a-di di-o-tu

(c) 7. ti ti. to to. da da. do do.

i da do do. da da à to to.

HISTOIRE SANS PAROLES

(a) En revision, reprendre toujours l'étude des éléments par *groupe*.
(b) Relire la note (a) de la page 4.
(c) Arriver à obtenir la lecture non syllabée des mots et des phrases dès cette deuxième leçon.

Conversation sur les images. — 1. Le petit garçon s'appelle Toto, la petite fille Ida : Dites comment sont habillés ces deux enfants. Quel âge donnez-vous au garçon; à la fille? — 2. Comment est la petite fille que désire-t-elle? — 3. Comment s'amuse le petit garçon?

(a) e-é-è-ê

e *e* é *é*

Cheveux. Cheminée.

1. e é é e

2. *e* *é* *é* *e*

(b) 3. i-e u-é o-té a-de

4. di-e tu-é do-té ta-de

è *è* ê *ê*

Procès.

5. è ê ê è

6. *è* *ê* *ê* *è*

7. o-è a-ê i-tê u-dè

8. do-è ta-ê di-tê tu-dè

EXERCICES DE PRONONCIATION (c)

9. e-é-è-ê : e-é-tè é-e-tê e-é-dè

10. e-é-è-ê : te-é-dè té-e-dè de-é-tè

é tu de ti è de

(a) Insister sur la bonne prononciation de ces quatre sons différents ; obtenir les jeux de bouche convenables à cette bonne prononciation.

(b) Voir la note (a) de la page 4.

(c) Voir la note (c) de la page 6. Les éléments dans cet exercice, comme dans toute la méthode d'ailleurs, sont combinés de telle façon que la prononciation de l'un est toujours différente de celle de l'élément qui suit.

(*a*) **u-i-t o-a-d e-é-è-ê**

1. ti - è tu - é di - ê da - e
2. ti-dè tu-dé di-tê da-te
3. i-a-té u-o-dê é-o-ti u-è-de
4. di-a-té tu-o-dê dé-o-ti tu-è-de
5. é té. ô te. o de. tê te. tê tu.

b) 6. é tu i. di è te. i di o te. é tu di a.

7. *i da é tu di e. to to a é tu di é.*

HISTOIRE SANS PAROLES

(*a*) Revoir, et cela autant qu'il est nécessaire en utilisant le tableau noir le plus possible, les éléments déjà étudiés. Les faire relire par groupes. Il importe que l'enfant associe instinctivement dans sa mémoire les formes ainsi que les prononciations des éléments groupés. Cela soutient sa mémoire : un élément retenu rappelle aisément les éléments avec lesquels il est associé.

Ne jamais trop aider l'enfant embarrassé, l'amener à résoudre lui-même la difficulté qui l'arrête en reprenant l'étude des éléments imparfaitement sus.

(*b*) Arriver à obtenir la lecture courante de ces mots et des deux petites phrases. Petit à petit l'enfant a été amené à associer deux sons, à émettre une diphtongue ; n'hésitons pas à lui en présenter dès maintenant, ce n'est pas une difficulté pour lui dans notre méthode

Conversation sur les images. — 1. Indiquez ce que vous voyez dans cette image. — 2. Ce que fait la petite Ida. — 3. Toto ayant étudié a la permission de jouer et il en profite.

n-m

n 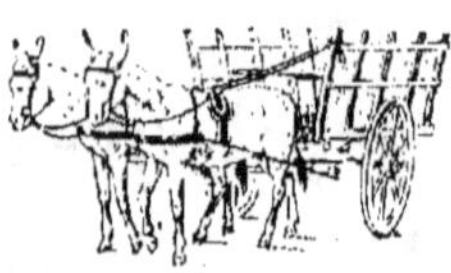 *n*

Anes.

1. **na ne ni no nu né nè nê**
2. *na ne ni no nu né nè nê*
3. nu-i nè-o ni-a no-é na-è
4. u-ni è-no i-na o-né a-nè
5. ni ni, na na, u ni, u ne, à ne.

m  *m*

Dames.

6. **ma me mi mo mu mé mè mê**
7. *ma me mi mo mu mé mè mê*
8. mu-i mè-o mi-a mo-è ma-è
9. u-mi è-mo i-ma o-mè a-mè
10. à me, a mi, a mi e, é mu, é mu e.

EXERCICES DE PRONONCIATION

11. **n-m** : na-ma ne-me ni-mi no-mo
12. **m-n** : ma-na me-ne mi-ni mo-no
13. *no é mi* *ma ni e*

(a) u-i-t o-a-d e-é-è-ê n-m

1. ma ni e, mi ne, mè ne, me nu, mu ni.
2. a ni mé, a me né, mi ni me, a mi ti é.
3. u ni té, do mi no, no ma de, ma ti né e.
4. na na a dî né d'u ne to ma te.
5. *ni na a u ne a mi e ti mi de.*

6. ti ti ne a u ne mi ne é mu e.
7. ma da me a é té à à ne à mi di.
8. a mé dé e m'a i mi té u ne mi nu te.
9. u ne a mi e m'a é té a me né e.
10. *nu ma, à mi di, a é té nu-tê te.*

LECTURE ET ÉLOCUTION (b)

a nna, a mi e de no é mi
a nna a u ne ma ni e
a nna, a mi e de no é mi,
a u ne ma ni e.

(a) Revoir la note (a) de la page 7.
(b) Les consonnes doublées n'offrent aucune difficulté pour la lecture. Nous préférons d'ailleurs présenter une à une ces petites difficultés au lieu de les faire étudier toutes dans une même leçon.

Conversation sur l'image. — Anna a une vilaine manie : elle se met continuellement un doigt dans le nez. La reconnaissez-vous sur l'image ? Que tient-elle de la main gauche ? Que fait son amie Noémi ?

(a) **v-p**

v *v*

Une femme qui la**v**e.

1. **va ve vi vo vu vé vè vê**
2. *va ve vi vo vu vé vè vê*
3. vu-i vè-o vi-a vo-é va-è
4. u-vi è-vo i-va o-vé a-vê
5. vi e, vi ve, vi te, vo te, vi de.

p *p*

Jupe.

6. **pa pe pi po pu pé pè pê**
7. *pa pe pi po pu pé pè pê*
8. pu-i pè-o pi-a po-é pa-è
9. u-pi è-po i-pa o-pé a-pê
10. a pi, é pi, pi pe, ta pe, pâ te.

EXERCICES DE PRONONCIATION

11. **v-p** : va-pa vé-pé vi-pi vo-po vu-pu
12. **p-v** : pa-va pé-vé pi-vi po-vo pu-vu
13. *pa vé* *pa va ne*

(a) Voir la note (a) de la page 4 et la note (b) de la page 6.

u-i-t o-a-d e-é-è-ê n-m v-p

(a) 1. du pe, vo mi, pa vé, na ï ve, pi a no.
2. é tu ve, va ni té, pa na de, é va dé.
3. pa pa a pu ni è ve mu ti ne.
4. de vi ne, a mi e, de vi ne vi te.
5. *o vi de a u ne mi ne, na ï ve.*
6. é va a dî né à mi di d'u ne pâ te.
7. ma da me m'a do nné u ne pa na de.
8. a mé dé e a é té pu ni d'u ne ta pe.
9. no é m'a do nné u ne po mme d'a pi.
10. *ô te, ni na, u ne é pi ne à nu ma*

LECTURE ET ÉLOCUTION

o vi de a pa ti né ;
pé pi ta a vu o vi de ;
pé pi ta a i mi té o vi de ;
à mi di, pé pi ta a pa ti né.

Vi re. *Vi ne.* **Va ni té.** *Va ni té.*

(a) Faire remarquer le tréma sur l'i de naïve, mais sans insister. L'élève n'a aucune idée des sons polygrammes; il prononce naturellement chaque voyelle ; c'est une petite connaissance qui lui est donnée en passant Il est sage d'en agir ainsi pour les si nombreuses particularités de notre langue écrite.

Conversation sur l'image. — Que font ces enfants ? Combien sont-ils ? Combien de petites filles Laquelle est Pépita ? Comment est-elle habillée ? Pourquoi les arbres n'ont-ils plus de feuilles ?

r-s-ç

r  *r*

Voiture.

1. **ra re ri ro ru ré rè rê**
2. *ra re ri ro ru ré rè rê*
3. ru-i rè-e ri-a ro-é ra-ê
4. u-ri è-re i-ra o-ré a-rê
5. mè re, ma ri, ra me, ri ve, rô ti.

(a) **s ç**  *s ç*

Danse.

6. **sa se si so su ça ço çu**
7. *sa se si so su ça ço çu*
8. çu-i sè-o si-a ço-é ça-è
9. u-si è-ço i-ça o-sé a-sè
10. se mé, si te, re çu, de ça, su ça.

EXERCICES DE PRONONCIATION

11. **r-s-ç :** ra-sa rè-sè ri-si ro-so ru-su
12. **s-ç-r :** ça-ra sè-rè si-ri ço-ro çu-ru

(b) 13. *sa ra su ça u ne prune mûre.*

(a) Montrer la différence de forme mais l'analogie de prononciation des lettres *s ç*.
(b) Lire, en les décomposant, les articulations doubles données de temps en temps afin d'y habituer les enfants, en attendant la leçon spéciale à ces articulations : p ru ne.

e-é-è-ê n-m v-p r-s-ç

1. mé ri te, re mè de, sû re té, me na ça.
2. so no re, sé vé ri té, nu mé ro, ru a de.
(a) 3. mé do r a dé vo ré u ne vi pè re.
4. do ri ne ra mè ne ra vi te sa ra me.
5. *sa mè re a u ne mi ne sé vè re.*
(a) 6. a r sè ne a re çu u ne pa ru re ra re.
(a) 7. ma ri a i ra ma r di à l'o pé ra.
8. ré mi dî ne d'u ne do ra de rô ti e.
9. sa ra me na ça d'è t re sé vè re.
10. *i rè ne su ça u ne p ra li ne.*

HISTOIRE SANS PAROLES

U ri e. *U ri e.* U ni té. *U ni té.*

(*a*) Isoler la consonne des syllabes inverses qu'on rencontre en certains mots donnés tout exprès. Cela préparera les élèves à lire sans peine, les exercices de la leçon spéciale à ces syllabes quand elle se présentera.

Conversation sur les images. — 1. Que fait Sara ? Que montre-t-elle ? — 2. Que fait-elle maintenant et que tient Irène ? — 3. Que fait Irène pour l'instant ?

Devoir à écrire au tableau et à faire lire et copier ensuite : sara a une petite serine ; sara a donné sa serine à irène ; irène a reçu de sara une petite serine.

SEPTIÈME LEÇON — **l-b** — DEUXIÈME TABLEAU

l *l*

Poules.

1. **la le li lo lu lé lè lê**
2. *la le li lo lu lé lè lê*
3. lu-i lè-e li-a lo-é la-ê
4. u-li è-le i-la o-lé a-lê
5. la vé, li re, lu ne, le vé, mu le, sa le.

b *b*

Robe.

6. **ba be bi bo bu bé bè bê**
7. *ba be bi bo bu bé bè bê*
8. bu-i bè-e bi-a bo-é ba-ê
9. u-bi è-be i-ba o-bé a-bê
10. bo a, bè te, bâ ti, ro be, tu be, ba ve.

EXERCICES DE PRONONCIATION

11. **l-b** : la-ba lè-bè li-bi lo-bo lu-bu
12. **b-l** : ba-la bè-lè bi-li bo-lo bu-lu

(a) 13. *bi le. ta b le. la va bo.*

(a) Par un mot placé de temps en temps contenant une articulation double ou une syllabe renversée, nous préparons l'élève à saisir sans trop de peine la leçon spéciale présentant ces difficultés. Les exercices de prononciation 11 et 12 le conduisent d'ailleurs à énoncer aisément les articulations doubles.

e-é-è-ê n-m v-p r-s-ç l-b

1. o li ve, a lè ne, a va lé, é bè ne, a bî me.
2. bâ le, mo ra le, so li de, ba bi o le, ba ri o lé.
3. é mi le a bu de la bi è re b ru ne.
4. to bi e a ra me né a dè le de l'é tu de.
5. *a mé li e dé vi de ra la bo bi ne.*
6. Va lé ri e, sa me di, a a bî mé le la va bo.
7. a na to le mè ne ra la mu le à l'é ta b le.
8. lé o ni e a re çu le vo lu me re lié.
9. a dè le o bé i ra à la bo nne tu li a.
10. *ju s ti ne a va le la li mo na de.*

LECTURE ET ÉLOCUTION

lé o ni e a sa li sa ro be,
sa ro be de tu lle de ba l,
lé o ni e a ô té sa ro be;
la ro be de tu lle sa li e
se ra la vé e à la ri vi è re
par la mè re de lé o ni e.

Vi lle. *Vi lle.* U ra ni e. *U ra ni e.*

(a) Jusqu'à la leçon spéciale aux articulations doubles, faire lire ces articulations en isolant la première consonne : **b ru, b le, s te**. La lecture du mot entier conduit aisément à la prononciation convenable : **brune, étable**.

Conversation sur l'image. — Qui est Léonie ? — Que fait-elle ? — Que fait aussi sa maman ? — Où est la rivière ? — Voyez-vous au loin des maisons ? des arbres ?

j-g

j *j*

jeux.

1. ja je ji jo ju jé jè jê
2. *ja je ji jo ju jé jè jê*
3. ju- i jè- e ji- a jo- é ja- è
4. u-ji è-je i-ja o-je a-jè

(a) 5. ju pe, jo li, je té, ju re, ju ju be, dé jà.

g *g*

Dogue.

ga go gu go gu gâ

7. *ga go gu go gu gâ*
8. ga- o gu- a go- a gu- o
9. a-go u-ga o-ga u-go

(a 10. gâ té, ga ré, go ba, ga le, a ga te, ri go le.

EXERCICES DE PRONONCIATION

11. j-g : ja-ga jo-go ju-gu jô-gô jâ-gâ
12. g-j : ga-ja go-jo gu-ju gô-jô gâ-jâ
13. *ju li a par ti ra à la da te ju s te.*

(a) Il est utile de donner aux enfants le sens des mots qu'ils lisent, surtout de ceux qu'ils sont appelés à reproduire par l'écriture ; mais il ne faut jamais oublier que l'important, dans une leçon de lecture, est d'apprendre à bien prononcer et à bien lire.

n-m v-p r-s-ç l-b j-g

1. j'a mè ne, ja ve li ne, ma jo ri té, ju bi le.
2. ga lè re, li ga tu re, ja gu a r, re ga r de.
3. jé rô me a re çu u ne jo li e rè g le.
4. jé ré mi e se ré ga le ra de ma la ga.
5. *ju li a a je té le lé gu me gâ té.*
6. é lé o no re a dé jà gâ té sa pè le ri ne.
7. la mu le a ga lo pé vi te à la vi lle.
8. re lè ve, pe ti te ga mi ne, ta ju pe sa li e.
9. gu s ta ve a je té le lé gu me à la ru e.
10. *a g la é ju ra de di re la vé ri té.*

(*a*) LECTURE ET ÉLOCUTION

ju li a i ra à la vi lle ;
gu s ta ve i ra à la ga re ;
il pa sse ra par la vi lle ;
il ra mè ne ra ju li a,
de la vi lle à la ga re ;
ju li a a rri ve ra à mi di.

Sa ra. *Sa ra.* Si do nie. *Si do ni e.*

(*a*) Ces petites lectures contiennent les mêmes mots répétés le plus de fois possible. Elles ont pour but de fixer dans les yeux des enfants la composition exacte de ces mots et d'en rendre ainsi la lecture et l'écriture plus aisées.

Conversation sur l'image. — Lequel est le plus âgé de Gustave ou de Julia ? — Qu'est-ce que Gustave tient à la main ? et Julia ? — Savez-vous ce que c'est que cette maison qu'on voit par derrière ?

(a)

z-f

z *z*

Trapè**z**e.

1. **za ze zi zo zu zé zè zê**
2. *za ze zi zo zu zé zè zê*
3. zu - i zè - e zi - a zo - é za - ê
4. u-zi è-ze i-za o-zé a-zê
5. zéro, zè le, ga ze, a zu ré, to pa ze.

f *f*

Cara**f**e.

6. **fa fe fi fo fu fé fè fê**
7. *fa fe fi fo fu fé fè fê*
8. fu - i fè - e fi - a fo - é fa - è
9. u-fi è-fe i-fa o-fé a-fê
10. fi ne, fè te, fa de, ca fé, dé fi, ra fa le.

EXERCICES DE PRONONCIATION

11. **z-f** : za-fa ze-fe zi-fi zo-fo zu-fu
12. **f-z** : fa-za fe-ze fi-zi fo-zo fu-zu
13. *la fa ça de du ba z a r.*

n-m v-p r-s-ç l-b j-g z-f

1. to pa ze, mé lè ze, fu ti le, fa b le.
2. fi è re, a ma zo ne, zi be li ne, fa go té.
3. bi ffe vi te, la za ri ne, le zé ro i nu ti le.
4. ta mè re, zé li e, a je té la ta sse fê lé e.
5. re ga r de, é mi li e, la jo li e zi be li ne.
6. *fi dé li a a é té fi ne : zo é le di ra.*
7. la ma la di e de ju li e l'a dé fi gu ré e.
8. zé li e je ta à la ru e la bo nne fa ri ne.
9. le pè re fi dè le fu me sa pi pe à la ga re.
10. zé ni a a re çu u ne fi ne to pa ze.
11. la pe ti te fa ço nne sa ro be de ga ze.
12. *l'a ma zo ne sur sa mu le fi le vi te.*

LECTURE ET ÉLOCUTION

zé li e i ra à la fê te ;
zé li e a sa ro be de ga ze ;
zé li e se ra fi è re ;
zu l ma, a mi e de zé li e,
ri ra de la fi è re zé li e ;
zu l ma gâ te ra la fê te.

Léo nie. *Lé o ni e.* Li di a. *Li di a.*

(a) Il est nécessaire de préparer, par quelques exercices aisés, à la lecture des syllabes inverses, avant d'arriver à la leçon qui en fait une étude spéciale. Cette préparation d'ailleurs est sans difficulté, il suffit d'isoler, afin de la prononcer séparément, la consonne finale : *a r, u r*.

Conversation sur l'image. — Distinguez-vous Zélie la coquette ? — Où est Zulma, son amie ? — Que voyez-vous au fond ? — Pourquoi tant de monde ? — Dites comment Zélie est vêtue ?

c-q-k-x

(a) **c-q-k** *c q k*

Coq.

1. **ca co cu ka ke ké ki**
2. *ca co cu ka ke ké ki*
3. cu-a ca-o ku-i ké-o ka-e
4. u-ca a-co u-ki é-ko a-ke
5. cô té, ca ve, cu be, co ke, ké pi, ki lo, co q.

(b) **X** *x*

Rixe.

6. **xa xe xi xo xu xé xè xê**
7. *xa xe xi xo xu xé xè xê*
8. xu-i xé-e xi-a xo-é xa-ê
9. u-xi é-xe i-xa o-xé a-xê
10. a xe, ri xe, bo xé, lu xé, fi xa, ta xa.

EXERCICES DE PRONONCIATION

11. **c-q-k-x** : ca-xa ke-xe ki-xi co-xo cu-xu
12. **x-c-q-k** : xa-ca xe-ke xi-ki xo-ko xu-cu
13. *maxime a ca ssé du co ke à la ca ve.*

Conseils. — (a) Insister sur l'analogie d'articulation de ces lettres dissemblables. — (b) Obtenir pour cet élément la meilleure prononciation possible : **x = kse**.

v-p r-s-ç l-b j-g z-f c-q-k-x

1. é cu me, ca po te, mo ka, fi xi té.
2. ri di cu le, ta pi o ca, bo xe ra, ki lo.
3. ca ro li ne a ca ssé la la me de mi ca.
4. la co lè re du ca ma ra de fe ra ri re.
5. le mi ka do fi xa le ké pi sur sa tê te.
6. *ô te ta ca po te à la c la sse.*
7. ni co le a vu la fa ça de de la ca ba ne.
8. il a ca ssé de co lè re du co ke à cô té.
9. lu c a re çu u ne jo li e pi pe d'é cu me.
10. Le ca po ra l ja co b va à la ca pi ta le.
11. fé li x a re çu u ne pi qû re g ra ve.
12. *Le co q a c ri é : ko ko ri ko.*

LECTURE ET ÉLOCUTION

ma xi me a re çu u ne ca nne,
u ne jo li e ca nne du ca na da.
l'a mi ni co le a de la co lè re.
il a, par co lè re, ca ssé la ca nne,
la jo lie ca nne de ma xi me,
la ca nne re çu e du ca na da.

Léo nie. *Léo ni e.* **La va bo.** *La va bo.*

Conseils. — Lorsqu'un élève hésite en présence d'une difficulté, il ne convient pas de lui éviter tout effort en lisant aussitôt pour lui. Il est nécessaire de lui laisser le mérite et le plaisir de la recherche et de la découverte, en reprenant avec lui, s'il est nécessaire, l'étude des éléments simples composant la difficulté.

Conversation sur l'image. — Qui est Nicole ? — Que fait-il ? — Quelle sorte de coiffure Maxime a-t-il ? — En quoi la maison qui est à côté est-elle couverte ?

u-i-t o-a-d e-é-è-ê n-m v-p

(a) 1. ia ié iè io iu ui

(b) 2. tia tié fiè pio diu cui

3. nia pié miè fio siu rui

4. fiè re, fio le, tia re, sui te, pi tié, ré dui re.

5. a mi tié, ma niè re, tui le ri e, ca rriè re.

6. La ca va le de ju li e fui ra à la ri viè re.

7. *La jar di niè re cul ti va le zi nnia.*

8. il a vu le pia no de la fiè re ta pi ssiè re.

9. é mi lia a re çu une jo lie mi nia tu re.

10. ma ria fe ra cui re le ta pio ca.

11. *La plui e a rui sse lé sur le pa ra plui e.*

LECTURE ET ÉLOCUTION

ju lia a bu de la biè re,
u ne fio le de biè re tiè de.
ju lia a u ne pi tui te.
ju lia ma la de cri e, cri e.
La diè te cal me ra ju lia.
ma ria a pi tié de ju lia.

O vi de. *O vi de.* O li ve. *O li ve.*

(a) Préparer l'étude de cette première ligne par l'exercice suivant au tableau noir : écrire la lettre i et la faire suivre successivement des autres voyelles a, e, o, u, etc... Obtenir que les élèves énoncent les diphtongues ainsi formées, d'un seul coup de voix.

Ne pas abandonner cette première ligne qu'elle ne soit bien lue.

(b) Étudier les deux lignes 2 et 3 en partant des éléments connus dans la première ligne et en descendant verticalement: ia, tia, nia...

Reprendre en dernier lieu l'étude de ces lignes dans le sens horizontal, et insister jusqu'à ce que les élèves les lisent convenablement.

r-s-ç l-b j-g z-f c-k-x

1. ar ir or ur ac ic oc uc
2. al il ol ul as is os us
3. ad az ob if ap
4. Ur ne, ar me, ac ti ve, ur su le, ad mi ra.
5. bal, cap, suc, col, pic, fil, duc, gaz, vif.
6. bo cal, pol ka, ca nif, ac tif, cos tu me.
7. *L'omni bus s'a rê te ra sur le vi a duc.*
8. mar c a sur lui une ar me du ma roc.
9. ar sè ne, mar di, sor ti ra le bac du lac.
10. Vic tor a une car te de bal de pas cal.
11. *Luc a lu sur la car te : u ne pol ka.*

HISTOIRE SANS PAROLES

Ca na da. *Ca na da.* Ca ro li ne. *Ca ro li ne.*

(a) **I**. Recourir tout d'abord au tableau noir et composer devant les enfants des syllabes inverses ; écrire **a** et faire successivement suivre cette lettre des articulations **r**, **l**, **b**, **c**... ; amener les élèves à prononcer les syllabes ainsi formées d'un seul coup, **ar**, **al**... Même exercice sur **i**, **o**, **u**...

II. Faire tout de suite lire les syllabes sans les décomposer, **ar**, **ir**, **or**.

Etudier les lignes 1 et 2, d'abord dans le sens vertical, puis dans le sens horizontal. Ne passer à l'étude des mots que lorsque les enfants sont suffisamment familiarisés avec la lecture des lignes 1, 2 et 3.

Conversation sur les images. — 1. Que se passe-t-il dans ce chenil ? Le gros chien s'appelle Mirza ; Turc mord Azor. — 2. Que fait Azor, et pourquoi ? — 3. Pourquoi Mirza poursuit-il Turc ?

Devoir à transcrire au tableau, le faire lire et copier ensuite : Turc a mordu Azor — Azor a fui par la lucarne, — la forte Mirza, camarade d'Azor, fera sortir Turc par la porte du local.

nn-mm rr-ss ll-ff tt-pp cc-w

(a)

1. nni-mme llu-ffa
2. rro-ssé tti-ppo
3. cco-wa rri-sse
4. ba lle, bu lle, na ppe, bo tte, mi lle, bo sse.
5. go mme, lio nne, a ffa mé, ba rriè re, a ppo rte.
6. La ba lle a pa ssé par la vi tre ca ssé e.
7. *A li ne a lla à la po r te de la vi lle.*
8. La cor do nniè re ra cco mmo de la bo tti ne.
9. a ppo li ne a vu une va llé e de la sui sse.
10. La bo nne a llu me ra le gaz de la sa lle.
11. do nne ta g ro sse po mme à su za nne.
12. *Le ca rro sse a rri va de Lis bo nne.*

(b) LECTURE ET ÉLOCUTION

su za nne a u ne ba lle. su za nne fra ppa u ne bé ca sse de sa ba lle. la ba lle ca ssa u ne pa tte à la bé ca sse. su za nne a ttra pa la bé ca sse à la ba rri è re.

Or ne. *Or ne.* **Ca ba ne.** *Ca ba ne.*

(a) Cette leçon sur les consonnes doublées ne présente vraiment pas de difficultés ; les élèves y sont préparés d'ailleurs depuis longtemps. S'arrêter néanmoins à cette page jusqu'à ce que la lecture en soit faite aisément.

(b) Voir note (a), page 19.

t-d v-p l-b j-g z-f c-q-k-x

1. tr dr vr pr br gr
2. tro dra vri pro bre gra
3. tri dre vre pru bre gri

Fenêtre.

4. Crê pe, pru ne, frè re, gra ve, trô ne.
5. nè gre, fi fre, na cre, or dre, co ffre, su cre.
6. Le bru tal a ca ssé la bri de de cui r.
7. *Vo tre frè re a u ne gro sse fiè vre.*
8. Oc to bre ra mè ne ra la gri ve cri ar de.
9. La bo nne crê pe su cré e a é té brû lée.
10. fré dé ric a re çu une to nne de pé tro le.
11. Clo til de a bro dé une cra va te.
12. *ta mal pro pre té, wil frid, m'a na vré.*

LECTURE ET ÉLOCUTION

Bru no i rri ta le ti gre ;
le ti gre se je ta sur Bru no ;
Bru no é vi ta la gri ffe,
la for te gri ffe du ti gre ;
le bra ve Bru no tu a le ti gre ;
il lui fra ca ssa le crâ ne.

(*a*) **I**. Montrer au tableau noir les modifications apportées à l'articulation r, en faisant alternativement précéder cette lettre des consonnes **t, d, r, p,** etc., et faire énoncer tout d'un coup les articulations doubles, ainsi formées.

II. Emettre d'un seul coup de voix **tr, dr** (prononcer **tre, dre**). Etudier les lignes 1, 2, 3 d'en tête d'abord en suivant le sens vertical, **tr, tro, tri,** puis en suivant le sens horizontal.

Ces trois lignes doivent être parfaitement lues avant de passer à l'étude des lignes suivantes.

Conversation sur l'image. — Comment Bruno tient-il le tigre ? — Avec quoi le frappe-t-il ? — Apercevez-vous les griffes du tigre ? — Bruno n'est-il pas armé d'un fusil ? — Où cela se passe-t-il ?

r-s-ç l-b j-g z-f c-q-k-x

(a) 1. **pl bl gl fl cl**

2. **pli blé gla flu cla**

3. **pla blé glo fle cli**

4. plu me, flû te, glo be, cla sse, flo tte, blo c.

5. règ le, trè fle, so cle, mus cle, ré gli sse.

6. Vic tor pla ça la rè gle sur la ta ble.

7. *a gla é li na sa fâ ble à la cla sse.*

(b) 8. **pr-pl br-bl gr-gl fr-fl cr-cl**

9. Cri ble, plâ tre, flé tri, tri ple, a gré a ble.

10. Le drô le a fui par la fe nê tre de l'é ta ble.

11. Clo til de a é ga ré la clé du co ffre.

12. *Le plâ tre se ra se mé sur le trè fle.*

LECTURE ET ÉLOCUTION

Une ca ba ne sur le sa ble.

a ma ble a pé tri du plâ tre;
il a pé tri du plâ tre sur la ta ble,
sur la gro sse ta ble de mar bre.
a ma ble a é ta bli sur le sa ble
u ne frê le ca ba ne de plâ tre.

I rè ne *Irè ne.* I ta lie. *I ta li e.*

(a) Voir la note (a) de la page 27, et faire le même exercice sur l'articulation l.
(b) Lire aussitôt, sans décomposer pr, pl (prononcer pre, ple).
Conversation sur l'image. — Combien voyez-vous d'enfants ? — Lequel est Amable? — Que fait-il ? — N'est-il pas sur le bord de la mer ? — Apercevez-vous un bateau dans le lointain ?

ss-rr ll-bb ia-io iu-ié iè-ui

(a) 1. **st** **sp** **sc**

2. sta sté sti spa spé spi sca sco scu

3. Stè re, sto re, spi ra le, sca ro le, spa s me.

4. Sta tu re, stu pi de, spa tu le, ob scu ri té.

5. L'é lè ve opi niâ tre, ob sti né, se ra blâ mé.

6. Ur su le a été ma la de de la scar la ti ne.

7. *La ca val ca de dé pa ssa l'ob sta cle.*

(b) 8. **scr** **str**

9. scri scro stra stru stri

10. Scri be, scru pu le, scro fu le, stra s, stri c te.

11. L'os for me la stru c tu re de l'a ni mal.

12. *mé di re do nne du scru pu le.*

LECTURE ET ÉLOCUTION

La grè le a dé mo li le sto re de la fe nê tre de la cla sse.
Sta nis las ré ta bli ra le sto re dé mo li de la fe nê tre.
Le sto re, dé mo li par la grè le, se ra ré ta bli par sta nis las.

(a) Voir la note (a) de la page 27 et opérer de même sur l'articulation **s**.

Note. — Cette page et les deux précédentes sont difficiles ; les enfants n'ont pas encore la prononciation assez souple pour qu'on puisse leur demander la perfection dans ces articulations compliquées. Il est sage de ne pas insister outre mesure, de se contenter ici d'un à-peu-près. La lecture des articulations multiples viendra lentement à mesure que l'enfant acquerra plus de pratique de la lecture et qu'il saisira plus aisément le sens des mots.

(b) Même exercice que ci-dessus et ajouter aux articulations doubles **sc**, **st**, la consonne **r**, de façon à présenter aux élèves d'abord **s**, puis **sc**, puis **scr**, etc.

Conversation sur l'image. — Que fait Stanislas ? — Voyez-vous le store ? — Qu'y a-t-il sur le bord de la fenêtre ? — A quoi sert le tuyau qu'on aperçoit sur la droite de l'image ?

et-est eu-eux

(a) è : **et-est**  *è : et-est*

Bonnet.

1. det ret net met tet set let jet fet
2. n'est m'est t'est s'est l'est
3. pret gret fret cret plet blet flet clet
4. Ca det, du vet, bé ret, fu ret, mu let, na vet.
5. Ob jet, cor set, re gret, pro met, dis cret.

(b) e : **eu-eux**  *e : eu-eux*

cheveux.

6. neu-meu veu-peu reux-seux leux-beux
7. i eux eul eur euf preu bleu.
8. neu ve, veu ve, meu le, jeu di, beu rre.
9. deux, vi eux, mi eux, fu ri eux, c reux.
10. fu meur, peur, seul, neuf, fac teur, prê teur.
11. *Ca det pro met d'ê tre dis cret.*
12. *Le vi eux fac teur seul est peu reux.*

(a) Écrire au tableau l'élément et, le faire lire ; intercaler s entre les deux lettres, et faire lire à nouveau ; faire l'exercice inverse, commencer par est, effacer l's et faire lire les deux combinaisons formées.

(b) Ecrire au tableau la lettre e, y ajouter successivement u, ux, et faire lire à nouveau ; faire exercice inverse.

ar ul pl tr et-est eu-eux

1. ro bi net, pro jet, re plet, m'est, s'est.
2. pleu r, ré gleu r, a ï eux, glo ri eux.
3. Le vo let de la fe nè tre du ca bi net s'est ca ssé.
4. Le car net de ca det est sur le co ffret.
5. Le va let du pré fet pro met d'è tre prèt.
6. *Le col por teur est vê tu de neuf.*
7. L'a veu gle s'est re ti ré à sa de meu re neu ve.
8. Le feu a dé vo ré le mi li eu de la meu le.
9. je veux è tre la bo ri eux et stu di eux.
10. Le beu rre est do nné par le cul ti va teur.
11. Le li vret du fac teur est sur le bu ffet.
12. *Le vo leur fu ri eux a ca ssé deux pi eux.*

LECTURE ET ÉLOCUTION

Le ba sset et le ra mo neur.

Le ba sset a peur du ra mo neur; le ra mo neur i rri te le ba sset, le ba sset irri té est fu ri eux, il mor dra le jeu ne ra mo neur et, peu reux, il fui ra à la fo rèt.

Ja cob. *Ja cob.* **Jé ré mi e.** *Jé ré mi e.*

Reprendre la lecture de cette page jusqu'à ce qu'elle soit faite aisément.

Conversation sur l'image. — Pourquoi le ramoneur se tient-il ainsi ? — Où court le basset ? — Pourquoi se sauve-t-il ? — Où est la forêt ? — Combien distinguez-vous de maisons ? — Dites comment le ramoneur est vêtu ? — Pourquoi a-t-il des genouillères ?

(a) gu-qu

g : **gu** *g : gu*

Do gue.

1. gua gue gueu gueux gui guo guet
2. *gua gue gueu gueux gui guo guet*
3. gueu-gui guet-gue gui-gua guo-gué
4. gui de, gué ri, guè pe, guê tre, gué ri te.
5. ba gue, al gue, dro gue, mu guet, ca ta lo gue.

q : **qu** *q : qu*

Bar que.

6. qua que qui quo qu'u queu quet
7. *qua que qui quo qu'u queu quet*
8. qu'u-qui què-que qui-qua quo-qué
9. qu'une, quê te, qui tte, qua tre, qua tor ze.
10. bri que, co que, nu que, plaque, co quet.

EXERCICES DE PRONONCIATION

11. **gu-qu** : gua-qua gue-queu gui-qui
12. **qu-gu** : qua-gua que-gueu qui-gui
13. *qui qué te ra ? mar gue ri te ? do mi ni que ?*

(a) Insister sur la différence de prononciation des deux éléments **gu, qu** ; montrez qu'ils ont la même prononciation que les éléments plus simples **g, q** ; pour cela, écrire au tableau les éléments **g, q** : faire lire ; ajouter **u** après chacune de ces lettres ; faire lire à nouveau ; — faire l'exercice inverse.

eu-eux g-gu q-qu gu-qu

1. Cas que, brus que, gui pu re, pi ro gue.
2. gué ri ra, li qui de, dé lé gué, bos quet.
3. mar guet por te la pla que à la fa bri que.
4. que veux-tu que je lui do nne? l'or gue?
5. Il a a va lé une dro gue qui le gué ri ra.
6. *Vé ro ni que a re çu u ne fi gue d'A fri que.*
7. do mi ni que na vi gue jus qu'à la cô te.
8. Luc a ta qui né la guê pe qui l'a pi qué.
9. L'a mmo nia que gué ri ra la pi qû re.
10. Le pa quet por te u ne mar que bru ne.
11. Le do gue est prêt à mor dre le gueux.
12. *Vo gue jo lie bar que sur le lac!*

HISTOIRE SANS PAROLES

Ismérie. *Is mé ri e.* **Jura.** *Ju ra.*

Conversation sur les images. — 1. Montrez ce que fait l'enfant Dominique. — 2. Où est la barque, maintenant ? — 3. Comment est la barque et pourquoi est-elle ainsi ?

Devoir à écrire au tableau, puis à faire lire, et copier ensuite : **La barque sur le lac.** Dominique plaça sa barque sur le lac ; la barque glissa sur le lac bleu ; vogue, vogue, jolie barque ! Or, la vague brusque cassa la mâture, et la petite barque dématée s'arrêta ; Dominique la retirera du lac et la réparera.

(a) an-en

an *an*

Banc.

1. **i an u an é an vi an mé an quan**
2. *i an u an é an vi an mé an quan.*
3. blan plan flan clan bran tran gran fran
4. an se, an cre, tan te, dan se, man te, gan té.
5. ru ban, ma man, a man de, plan te, ca dran.

en 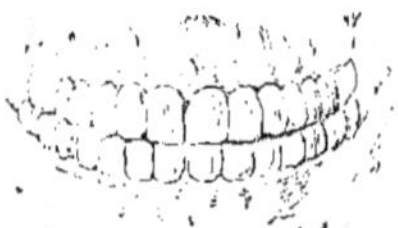 *en*

Dents.

6. **ten-den nen-men ven-pen len-fen**
7. **tren dren pren blen splen qu'en**
8. *tren dren pren blen splen qu'en.*
9. en tré, fen dre, en tor se, en clu me, tren te.
10. ven tre, en vi eux, en ten dre, men teur.

EXERCICES DE PRONONCIATION

11. **an-en :** nan-men van-pen ran-sen lan-ben
12. **en-an :** man-nen pan-ven san-ven ban-len
13. *ma man a tten dra le ven deur.*

(a) Écrire au tableau l'élément an, faire lire; remplacer a par e, faire lire à nouveau; procéder en sens inverse.

(a) et-est eu-eux gu-qu an-en

1. é lé gan te, can ti niè re, nor man de.
2. ar den te, a ppren ti, pré ten dre.
3. Lé an dre cro qua u ne a man de en tiè re.
4. ma man a ven du u ne ban de de ru ban.
5. L'en cre mar qua le ca dran de la pen dule.
6. *Jean en ten dra la fan fa re.*
7. Va len ti ne de man de peu de vi an de.
8. ar man de a vu à la ven te une man te.
9. Une plan te vi van te est sor tie de la fen te.
10. an dré ten dra u ne gran de guir lan de.
11. Il a en ten du l'é lé gan te nor man de.
12. *ma tan te s'est ren du e à la ven te.*

(b) LECTURE ET ÉLOCUTION

Léandre a men ti à sa tan te;
sa ma man l'a ré pri man dé.
Léan dre a ten du la lan gue ;
Il a ten du la lan gue à sa tan te.
Léan dre pu ni s'est re pen ti,
il ne men ti ra ni ne ten dra
la lan gue à l'a ve nir.

Va len ti ne. *Va len ti ne.* U ti le. *U ti le.*

(a) Écrire au tableau l'élément **en**; remplacer **n** par **u**; écrire l'élément **et**, remplacer **t** successivement par **u**, **n**, faire lire, à mesure qu'ils se présentent, les éléments ainsi formés.

(b) Voir la note (a), page 19.

Conversation sur l'image. — Que fait Léandre ? — Sur quoi sa mère et sa tante sont-elles assises ? — Où cela se passe-t-il, dans une cour ou dans un jardin ? — Les arbres ont-ils des feuilles ? — Apercevez-vous quelque part une boîte ouverte ? — Pouvez-vous dire ce qu'elle contient ?

(a) ch-ph

ch 

Vache.

1. chet-chest cheu-cheux chan-chen cho-ché
2. *chet-chest cheu-cheux chan-chen cho-ché*
3. cho-chet chu-chen cheux-cha ché-chan
4. chu te, chê ne, chè re, chè vre, chi che.
5. va che, bi che, pê che, pio che, bran che.

f : **ph**  *f : ph*

Photographe.

6. **phet phest pheu pheux phan phen**
7. *phet phest pheu pheux phan phen*
8. pho-phet phu-phen pheux-pha phé-phan
9. pha re, pho que, phé nix, phi li ppe, sa phir.
10. pa ra phe, té lé pho ne, té lé gra phe.

EXERCICES DE PRONONCIATION

11. **ch-ph** : cha-pha che-phe cho-pho ché-phé
12. **ph-ch** : pha-cha phe-che pho-cho phé-ché
13. *Char lo tte a chè te ra u ne pho to gra phie.*

(a) Écrire au tableau l'articulation ch, faire prononcer; remplacer c par p, faire prononcer à nouveau procéder en sens inverse.

et-est eu-eux gu-qu an-en ch-ph

1. mi che li ne, cha vi ré, chu cho té, che ve lu re.
2. al pha bet, pho s pho re, sphé ri que.
3. ro dol phe a che ta du mu guet de la fo rêt.
4. Le ca ni che cri e : il a peur du pho que.
5. Le ma ré chal a tta che la queu e du che val.
6. *La mar chan de a che ta la fa bri que.*
7. phi lo mè ne a dé chi ffré la dé pê che.
8. La mé chan te mi che li ne s'est fâ ché e.
9. La pho to gra phie de blan che man que.
10. La bar que gli ssa à la lu miè re du pha re.
11. La pi ro gue a lla jus qu'à la gro sse ro che.
12. *ro dol phe a fra ppé le che val.*

LECTURE ET ÉLOCUTION

phi li ppe a en ten du le coq qui a chan té sur la bran che du vi eux chê ne du bos quet. Char lo tte a cha ssé le coq, et le coq cha ssé a fui par de là la clô tu re du parc de phi li ppe.

Sa lo mé. *Sa lo mé.* Lé an dre. *Lé an dre.*

Insister sur cette page jusqu'à ce que la lecture en soit bonne.

Conversation sur l'image. — Après quoi Charlotte court-elle ? — Que tient-elle à la main ? — Voyez-vous le coq ? — La clôture du parc est-elle bien haute ? — Est-ce un mur ou une palissade ? — Sur quel chêne le coq chantait-il ?

DIX-HUITIÈME LEÇON

La pro me nade.

Oc ta ve, à la pro me na de, est, co mme à l' é co le, a tten tif et stu di eux. Il re gar de à cô té de lui ; il ad mi re la ri viè re et le ca nal, le rui sse let et le pré fleu ri ; il admi re l'ar bre é le vé de la gran de fo rêt et la pâ le et jo lie pe ti te a né mo ne. L'é té ve nu, il a rra che le blu et du blé et ré col te le trè fle co lo ré. Oc to bre lui o ffre la gra ppe do ré e et la pom me é car la te. Il a do re la pro me na de qui ré cré e, dé la sse et for ti fie. Il a do re au ssi et de mê me l'é tu de et l'é co le.

Or dre. *Or dre.* **Char lo tte.** *Char lo tte.*

Lire une première, peut-être une deuxième fois, en syllabant ; mais obtenir à la fin une lecture courante aisée avec intonation.

Le pho to gra phe.

re gar de le pho to gra phe ; il est à l'a bri du vieux char me à l'en trée du bos quet. Il pho to gra phie la va che qui ren tre à l'é ta ble et la jeu ne va chè re qui la mè ne, le che val qui ti re la cha rrue et le cul ti va teur la bo rieux qui sè me le blé, le fac teur qui ren tre si vi te de la vi lle et le vieux doc teur sur sa mu le, qui va, par de là la co lli ne, gué rir le ma la de qui le ré cla me ; il pho to gra phie ra la va llée en tiè re, le rui sse let qui mur mu re et la blan che ri viè re, le lac tran qui lle et le fleu ve é cu meux. La pho to gra phie se ra jo lie ; la mar chan de la ven dra ; blan che la lui a chè te ra.

I ris. *I ris.* **Ju lie.** *Ju li e.*

Ne pas quitter cette lecture avant qu'elle soit faite avec aisance. C'est une récapitulation de tous les éléments difficiles étudiés jusqu'alors.

u-i-t o-a-d e-é-è-ê n-m v-p

r-s-ç l-b j-g z-f c-q-k-x

et-est eu-eux an-en gu-qu ch-ph

a e i o u é è ê

a e i o u é è ê

a b c d e f g h i j k l m

a b c d e f g h i j k l m

n o p q r s t u v x y z

n o p q r s t u v x y z

v u s l o c i j

V U S L O C I J

v u s l o c i j

V U S L O C I J

1 2 3 4 5 6 7 8 9 10

11 12 13 14 15 16 17 18 19 20

Paris. — Imprimerie Alcide Picard et Kaan, 192, rue de Tolbiac. — 6-10-1907.

www.ingramcontent.com/pod-product-compliance
Lightning Source LLC
LaVergne TN
LVHW012018160826
845678LV00002B/904